V. Rethinagiri

Avaliação da inibição da corrosão de metais em meio ácido

V. Rethinagiri

Avaliação da inibição da corrosão de metais em meio ácido

ScienciaScripts

Imprint

Cover image: www.ingimage.com

This book is a translation from the original published under ISBN 978-3-659-12244-6.

Publisher:
Sciencia Scripts
is a trademark of
Dodo Books Indian Ocean Ltd. and OmniScriptum S.R.L publishing group

120 High Road, East Finchley, London, N2 9ED, United Kingdom
Str. Armeneasca 28/1, office 1, Chisinau MD-2012, Republic of Moldova, Europe
Printed at: see last page
ISBN: 978-620-8-35631-6

ÍNDICE

AGRADECIMENTOS

Agradeço a Deus Todo-Poderoso por me ter agraciado com a Sua graça e bênçãos para a conclusão bem sucedida do meu estudo de investigação.

Expresso a minha sincera gratidão ao meu supervisor de investigação **A.Jamal Abdul Nasser,** Professor Assistente, PG & Research Department of Chemistry, Jamal Mohamed College (Autónomo), Tiruchirapalli-620020, pela sua valiosa orientação, críticas construtivas, encorajamento constante e apoio moral prestado durante todo o período do meu programa de mestrado e doutoramento. Tem sido uma grande fonte de inspiração para a realização do trabalho de investigação.

Estou grato ao **Diretor e** ao **Comité de Gestão** do Jamal Mohamed College (Autónomo), Tiruchirappalli, pela disponibilização de instalações laboratoriais.

Estou grato ao **Presidente** e ao **Diretor do M.I.E.T Engineering College,** Tiruchirappalli, pela disponibilização das instalações.

Gostaria de agradecer ao **Dr. M. Subramanian,** Diretor (aposentado), Algapha College of Arts and Science, Karikudi, pela sua inestimável ajuda durante o meu programa de investigação.

Quero expressar a minha gratidão à minha mãe, esposa, filhos e a todos os meus familiares pelo seu apoio moral e encorajamento.

Dr. V.RETHINAGIRI AP / Departamento de Química M.I.E.T ENGINEERING COLLEGE

TRICHY-07, TAMIL NADU

ÍNDIA

CAPÍTULO - I INTRODUÇÃO

1. DEFINIÇÃO DE CORROSÃO:

A corrosão é definida como "o desgaste gradual, a desintegração, a decomposição ou a deterioração de um metal por reação química ou eletroquímica com o seu ambiente". O ambiente pode ser de qualquer tipo, como a atmosfera, a água, a água do mar, os ácidos, os álcalis, o vapor, os gases, os solos, os metais líquidos, etc., e a interação do metal com o ambiente pode ter lugar a qualquer temperatura. Assim, de acordo com a definição moderna, "a corrosão é a deterioração de uma substância devido à sua reação com o ambiente"(1).

A corrosão é um dos campos mais interessantes da eletroquímica. A corrosão, enquanto reação química, é caraterística dos metais. Pode ser definida de muitas formas. Para simplificar, pode ser definida como "o processo espontâneo de degradação e deterioração ou destruição de construções metálicas no decurso das suas interações químicas, bioquímicas ou electroquímicas com o meio envolvente". Também pode ser definido como o processo em que o material útil é gradualmente convertido em inútil com o seu ambiente(2). Em termos de termodinâmica, "a corrosão é a reversão ou reversão parcial da condição metaestável do metal para a condição estável do seu composto, acompanhada pela redução da energia do sistema". Exemplos comuns de corrosão são a oxidação do ferro e do aço, o embaciamento da prata, o embaciamento do latão, o embaciamento do níquel, etc.

É um facto interessante que um pedaço de metal permanece estável durante um período de tempo quase indefinido, desde que seja armazenado no vácuo. Os metais adquirem estabilidade quando as suas superfícies são isoladas do ambiente terrestre normal. Se este isolamento não for conseguido, os metais tornam-se instáveis de várias formas. Desenvolvem fissuras e partem por tensão com uma rapidez catastrófica. Sofrem fadiga, ou seja, perda de resistência quando sujeitos a tensões periódicas. Sofrem um processo de amarguramento. A superfície é transformada em óxidos, hidróxidos, carbonatos ou outros sais de sal básico que se desprendem ou simplesmente se dissolvem, dependendo do ambiente, a taxas regidas pela ordem das reacções químicas heterogéneas normais. É razoável concluir que a instabilidade dos metais se deve à transferência de carga que ocorre nas suas interfaces. É por isso que a corrosão é reduzida pela remoção da humidade da atmosfera.

IMPORTÂNCIA DA CORROSÃO:

A importância da corrosão é tripla. A primeira área de significado é económica, a segunda é a melhoria da segurança e a terceira é o motivo principal de grande parte da investigação atual sobre corrosão. As perdas económicas dividem-se em perdas diretas e perdas indirectas. O custo estimado das perdas na Índia é de cerca de 400 milhões de rupias por ano.

1.1 PRINCÍPIO DA CORROSÃO:

A corrosão é exatamente o inverso da extração de metais e também é conhecida como a infiltração de metais. Quando os metais são expostos ao ambiente, as superfícies metálicas começam a degradar-se, convertendo-se mais ou menos rapidamente em compostos metálicos mais estáveis(3).

Na natureza, a maioria dos metais (exceto os metais nobres) existe em estados combinados sob a forma de compostos, denominados minérios e minerais, ou seja, óxidos, hidroxilos, bicarbonatos, carbonatos, cloretos, sulfuretos, silicatos, etc. Estes compostos representam o seu estado termodinamicamente estável. Os metais são extraídos destes minérios após um grande dispêndio de energia. Por conseguinte, a menos que a natureza do metal seja substancialmente alterada (por exemplo, através de ligas), o metal terá uma tendência natural para voltar ao seu estado termodinamicamente estável natural. Esta é a razão básica da corrosão metálica.

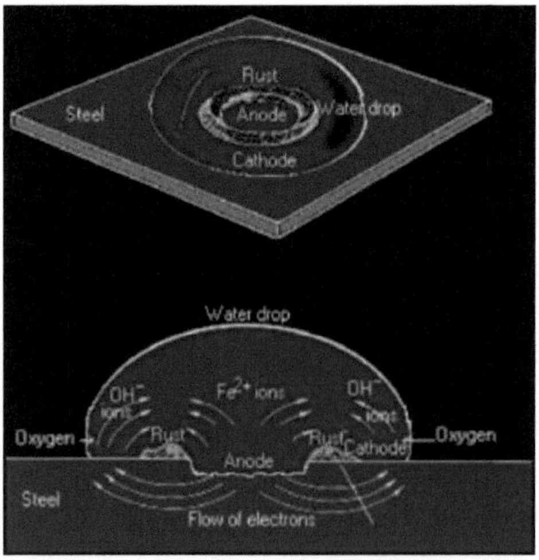

Figura (a) Interação entre o metal e o ambiente que contém a solução aquosa.

1.2 AS CONSEQUÊNCIAS DA CORROSÃO:

As consequências da corrosão são muitas e variadas e os seus efeitos no funcionamento seguro, fiável e eficiente de equipamentos ou estruturas são frequentemente mais graves do que a simples perda de uma massa de metal. Podem ocorrer falhas de vários tipos e a necessidade de substituições dispendiosas, mesmo que a quantidade de metal destruído seja bastante pequena. Alguns dos principais efeitos nocivos da corrosão podem ser resumidos da seguinte forma:

Redução da espessura do metal que conduz à perda de resistência mecânica e à falha ou rutura estrutural. Quando o metal é perdido em zonas localizadas de modo a dar origem a uma estrutura semelhante a uma fenda, pode resultar um enfraquecimento considerável a partir de uma quantidade bastante pequena de perda de metal.

Riscos ou lesões para as pessoas resultantes de falhas ou avarias estruturais (por exemplo, pontes, aviões, automóveis, etc.).

Perda de tempo na disponibilidade de equipamento industrial de fabrico de perfis. Redução do valor das mercadorias devido à deterioração do seu aspeto. Contaminação de fluidos em recipientes e tubagens(4).

A perfuração de recipientes e tubagens, que permite a fuga do seu conteúdo, pode causar danos no ambiente circundante. Por exemplo, um radiador doméstico com fugas pode causar danos dispendiosos em tapetes e decorações, enquanto a água do mar corrosiva entra nas caldeiras de uma central eléctrica, os tubos do condensador perfuram-se.

Perda de propriedades de superfície tecnicamente importantes de um composto metálico. Estas podem incluir propriedades de fricção e de suporte, facilidade de escoamento de fluidos sobre a superfície de um tubo, condutividade eléctrica dos contactos, refletividade da superfície ou transferência de calor através de uma superfície.

Danos mecânicos nas válvulas, bombas, etc.

Bloqueio das condutas por produtos de corrosão sólidos.

Complexidade e custos acrescidos do equipamento que tem de ser concebido para resistir a uma certa quantidade de corrosão e permitir que os componentes corroídos sejam convenientemente substituídos.

1.3 IMPORTÂNCIA DOS ESTUDOS DE CORROSÃO:

Hoje em dia(5-7) é necessário prestar mais atenção aos estudos de corrosão metálica do que se fazia anteriormente devido a

Aumento da utilização de metais no domínio da ciência e da tecnologia.

Utilização de metais raros e caros cuja proteção exige precauções especiais.

Utilização de novas ligas de alta resistência que são normalmente mais susceptíveis a certos tipos de ataques corrosivos.

Aumento da poluição do ar e da água, resultando num ambiente mais corrosivo.

Normas rigorosas de segurança do equipamento de exploração que pode falhar de forma catastrófica devido à corrosão.

1.4 CUSTO DA CORROSÃO:

- O custo da corrosão é definido como a fração da corrosão no custo total de conceção, fabrico, operação e manutenção, desenvolvimento tecnológico e perda de valor dos activos.
- Os sectores industriais identificados com os custos de corrosão mais elevados são Serviços públicos (eletricidade, gás e água) Transportes (automóvel, ferroviário, aéreo)
- Extração de petróleo e gás Refinação de petróleo Processamento químico Pasta e papel
- Produção de metais
- Infra-estruturas civis

Os custos diretos são constituídos por duas componentes principais:

1. Os custos de conceção, fabrico e construção:

Seleção do material, como o aço inoxidável para substituir o aço carbono Material adicional, como o aumento da espessura da parede para evitar a corrosão

Materiais utilizados para atenuar ou evitar a corrosão, tais como revestimentos, vedantes, inibidores de corrosão e proteção catódica

Aplicações, incluindo o custo da mão de obra e do equipamento.

2. O custo da gestão:

Inspeção relacionada com a corrosão Manutenção relacionada com a corrosão Reparações devido à corrosão Substituição de peças corroídas Inventário de componentes de reserva

- o Reabilitação
- o Perda de tempo de proteção. Custos indirectos:
- o Perdas para outros que não os proprietários das estruturas
- o Perdas para os proprietários através de sanções, litígios ou pagamento de limpezas de produtos derramados, atrasos no tráfego devido a reparações de pontes, etc.

Os custos indirectos podem ter um impacto significativo na economia global devido à perda de produtividade.

O custo económico da corrosão a nível mundial é enorme e ascende a milhares de milhões de dólares. Estima-se que uma tonelada de aço enferruja a cada 90 segundos e que uma parte considerável do aço produzido é utilizada para a substituição de peças corroídas.

De acordo com a National Association of Corrosion EngineersInternational India Section (NACE), o custo anual das perdas diretas devido à corrosão pode corresponder a 4% do Produto Interno Bruto (PIB), estimado em cerca de 350 mil milhões de rupias por ano. Neste contexto, a solução para reduzir esta perda fenomenal consiste em assegurar que as indústrias considerem a prevenção da corrosão como uma questão importante, mesmo na fase de projeto.

É evidente que uma pessoa que trabalhe no domínio da corrosão é responsável não só pela proteção dos produtos, do equipamento e do bem-estar das pessoas, mas também por assegurar essa proteção a um custo razoável(8).

1.5 FACTORES QUE INFLUENCIAM A CORROSÃO:

A natureza e a extensão da corrosão dependem das propriedades do metal e da natureza do ambiente(9-12).

1.5.1 Os factores associados aos metais incluem:

- ❖ Potencial de oxidação - posição na série galvânica
- ❖ Presença de um metal catódico
- ❖ Pureza de um metal

- Estado físico do metal Carácter passivo do metal Solubilidade dos produtos de corrosão
- Sobretensão
- Áreas relativas do ânodo e do cátodo Volatilidade dos produtos de corrosão .
- **.5.2 Factores ambientais/meios relacionados:**

- Temperatura e pressão
- Presença de humidade
- Efeito do pH.
- Concentração de oxigénio e de iões metálicos
- Condutância do meio
- Natureza específica do produto catiónico e aniónico
- Presença / ausência de um inibidor
- Velocidade do fluxo do processo
- Presença de partículas em suspensão na atmosfera
- Presença de impurezas na atmosfera.

1.6 DIFERENTES FORMAS DE CORROSÃO:

A corrosão pode ser classificada de acordo com as formas em que se manifesta; a base para esta classificação é a aparência do metal corroído(13).

1.6.1 Corrosão uniforme ou geral:

Esta é a forma mais comum de corrosão e pode ser seca ou húmida e química ou eletroquímica. A corrosão processa-se uniformemente em toda a superfície exposta. Devido a este ataque, o metal torna-se mais fino e acaba por falhar.

A corrosão atmosférica de ferrosos e não ferrosos e uma peça de aço e de zinco imersa em soluções ácidas são os melhores exemplos de corrosão uniforme. Uma chapa de telhado de ferro também apresenta essencialmente o mesmo grau de ferrugem em toda a sua superfície exterior.

1.6.2 Corrosão galvânica ou corrosão bimetálica:

Quando dois metais diferentes são ligados eletricamente e expostos a um eletrólito, o metal mais elevado na série eletroquímica sofre corrosão. Este tipo de corrosão é designado por corrosão galvânica. A corrosão galvânica ocorre geralmente pela ação dos ácidos sobre os metais e pela ação dos metais anfotéricos, como o Zn, o Pb, o Al, etc., sobre os álcalis fortes. A pilha de célula seca é um bom exemplo deste ponto.

1.6.3 Corrosão por picadas:

O pitting é uma forma de ataque extremamente localizado que resulta em buracos no metal. Estes buracos podem ser pequenos ou grandes em diâmetro, mas na maioria dos casos são relativamente pequenos. Por vezes, os furos são isolados ou tão próximos uns dos outros que se assemelham a uma superfície rugosa. Geralmente, um fosso pode ser descrito como uma cavidade ou orifício com um diâmetro de superfície aproximadamente igual ou inferior à profundidade. Um exemplo é a corrosão do aço inoxidável por ácido sulfúrico contendo cloreto férrico.

1.6.4 Corrosão em fendas:

Trata-se de uma corrosão local e é normalmente criada por depósitos de sujidade, produtos de corrosão, fissuras em revestimentos de tinta, etc. É normalmente atribuída a alterações na acidez da fenda, à falta de oxigénio nas espécies presentes na fenda e à concentração de uma espécie iónica prejudicial na fenda. A seleção de materiais resistentes, a conceção adequada para minimizar as fendas e a manutenção das superfícies limpas são as medidas tomadas para o controlo. Este tipo de ataque está normalmente associado a um pequeno volume de solução estagnada causado por orifícios, juntas, superfícies, juntas sobrepostas, depósitos superficiais e fendas sob cabeças de parafusos e rebites. O resultado desta situação conduz à corrosão e esta forma de corrosão é designada por corrosão em fendas ou, por vezes, corrosão por depósitos ou por juntas.

1.6.5 Corrosão intergranular:

Se um metal for corroído, o resultado é um ataque uniforme, uma vez que os limites dos grãos são normalmente apenas ligeiramente mais reactivos do que a matriz. No entanto, em determinadas condições, as interfaces de grão são muito reactivas, o que conduz à corrosão intergranular. A corrosão localizada ataca nos limites de grão e adjacente a eles, com relativamente pouca corrosão do grão, chamada corrosão intergranular.

O metal desintegra-se e perde a sua resistência.

A corrosão intergranular pode ser causada por impurezas nos limites de grão, pelo enriquecimento de um dos elementos de liga ou pela depleção de um destes elementos nas zonas de limite de grão. Foi demonstrado que uma pequena quantidade de ferro no alumínio, em que a solubilidade do ferro é baixa, segrega-se nos limites dos grãos e causa corrosão intergranular.

1.6.6 Lixiviação selectiva:

A lixiviação selectiva é a remoção de um elemento de uma liga sólida através de um processo de corrosão. O exemplo mais comum é a remoção selectiva de zinco em ligas de latão (dezincificação). Um processo semelhante ocorre noutros sistemas de ligas em que o alumínio, o ferro, o cobalto, o crómio e outros elementos são removidos.

1.6.7 Corrosão por erosão:

A corrosão por erosão é a aceleração ou aumento da taxa de deterioração ou ataque a uma superfície metálica devido ao movimento relativo entre um fluido corrosivo e a superfície metálica. Geralmente, este movimento é bastante rápido e está envolvido um efeito de desgaste mecânico ou abrasão. São exemplos a corrosão do alumínio, do chumbo e do aço inoxidável.

1.6.8 Fissuração por corrosão sob tensão:

A fissuração por corrosão sob tensão refere-se à fissuração causada pela presença simultânea de tensão de tração e de um meio corrosivo específico. A proteção catódica é um método eficaz de prevenção da fissuração por corrosão sob tensão, mas acelera rapidamente o efeito de fragilização por hidrogénio.

1.6.9 Corrosão de formação de película:

Trata-se de um tipo especial de ferrugem que ocorre em certos metais sob películas protectoras, como as tintas, e que se caracteriza por um crescimento semelhante a um fio. A corrosão por formação de película pode ser encontrada em ferramentas revestidas com películas de óleo, portas de frigoríficos, etc.

1.6.10 Corrosão por cavitação:

Trata-se de um tipo especial de corrosão que se deve à formação de bolhas de vapor num ambiente corrosivo perto de uma superfície metálica e, quando as bolhas colapsam, surge um ataque, por exemplo, turbulência hidráulica, hélices deslizantes, etc. É semelhante à corrosão por pites, mas a superfície é mais áspera e tem muitos pites espaçados.

1.6.11 Lixiviação ou lixiviação selectiva:

A desalogenação é o processo de corrosão no qual um constituinte de uma liga é removido preferencialmente da liga, deixando uma estrutura residual alterada. Este processo, também conhecido como lixiviação selectiva, ocorre devido à corrosão selectiva de uma fase ou de um elemento. Exemplos deste processo são a dezincificação, a grafitização, etc. A principal diferença física entre a desalogenação e outras formas de corrosão é que o tamanho e a forma da estrutura que sofre o ataque são basicamente inalterados, mas a densidade do metal residual é geralmente menor do que a da liga original.

1.6.12 Esfoliação:

A perda de material sob a forma de camadas ou folhas de um metal sólido ou de uma liga é designada por esfoliação. Este tipo de corrosão é geralmente observado em produtos forjados que exibem estruturas alongadas. Observa-se nas ligas Al-Mg, Al-Cu, Al-Zn-Mg e Al-Mg-Si. Certos factores ambientais, como a presença de iões cloreto ou brometo no ambiente, temperaturas mais elevadas e condições ácidas, fazem com que os metais tendam para a esfoliação.

1.6.13 Corrosão por atrito:

A corrosão por atrito descreve a corrosão que ocorre numa área constante entre as duas superfícies de qualquer material sob carga sujeita a um ligeiro movimento relativo de pequena amplitude. Aparece sob a forma de poços ou sulcos no metal rodeados por produtos de corrosão. A corrosão por atrito é causada quando as superfícies em contacto estão sob carga e quando há vibração ou movimento relativo repetido entre duas superfícies.

1.7 NATUREZA ELECTROQUÍMICA DA CORROSÃO DO AÇO:

A corrosão ocorre normalmente em superfícies metálicas na presença de oxigénio e humidade, envolvendo duas reacções electroquímicas. A oxidação tem lugar no local anódico e a redução no local catódico. Em meio ácido, predomina a reação de evolução do hidrogénio.

Os inibidores de corrosão reduzem ou impedem estas reacções. São adsorvidos na superfície do metal e formam uma barreira ao oxigénio e à humidade através da complexação com iões metálicos ou da remoção de corrodantes do ambiente. Alguns dos inibidores facilitam a formação de uma película passivante na superfície do metal(14-16).

Na corrosão do ferro ou do aço, as reacções electroquímicas podem ter lugar da seguinte forma:

Nas zonas anódicas $Fe \rightarrow Fe^{2+} + 2e^-$

A taxa é normalmente controlada pela reação catódica. Existem várias reacções catódicas diferentes que são frequentemente encontradas na corrosão metálica. As mais comuns são:

Hydrogen evolution $2H^+ + 2e^- \rightarrow H2$

Oxygen reduction (acid solution) $O2 + 4H^+ + 4e^- \rightarrow 2H2O$

Oxygen reduction (neutral or basic solution) $O2 + 2H2O + 4e^- \rightarrow 4OH^-$

Metal ion reduction $M^{3+} + e^- \rightarrow M^{2+}$

Metal deposition $M^+ + e^- \rightarrow M$

A evolução do hidrogénio é uma reação catódica comum, uma vez que se encontram frequentemente meios ácidos. A redução do oxigénio é muito comum, uma vez que qualquer solução aquosa em contacto com o ar é capaz de reduzir esta reação. A redução de iões metálicos e a deposição de metais são menos comuns. Todas as reacções acima referidas consomem electrões.

Uma vez que as reacções anódicas e catódicas que ocorrem durante a corrosão são mutuamente dependentes, é possível reduzir a corrosão através da redução das taxas de qualquer uma das reacções. Assim, se a superfície do metal for revestida com tinta ou outra película condutora, as taxas de ambas as reacções anódicas e catódicas serão grandemente reduzidas e a corrosão será retardada. O comportamento de corrosão dos metais e, por conseguinte, os processos inibidores de corrosão também dependem muito da composição aniónica do eletrólito.

1.8 EXPRESSÕES PARA A TAXA DE CORROSÃO:

Na literatura, as taxas de corrosão são expressas de várias formas. De seguida, apresentam-se alguns dos principais sistemas de unidades de corrosão.

i) Ipy polegadas por ano mpy : mils por ano

ii)

(1 mil = 0,001 polegadas = 0,0245 mm)

iv) mdd : miligramas por decímetro quadrado por dia

Normalmente, as taxas de corrosão são expressas em duas unidades básicas, nomeadamente, mpy e mdd.

As taxas de corrosão nas escalas mpy e mdd podem ser calculadas diretamente

a partir das seguintes expressões:

$$\text{(i)} \quad mpy = \frac{534xW}{AxTxD}$$

$$\text{(ii)} \quad mdd = \frac{13.56xW}{AxTxD}$$

onde,

W= a perda de peso em miligramas

T= o tempo de exposição em horas

A= a área do provete em polegadas quadradas e

D= a densidade do provete em grama/cm^3

$$(i)\quad mpy = \frac{82.75xW}{AxTxD}$$

$$(ii)\quad mdd = \frac{53.5xW}{AxTxD}$$

onde,

W= a perda de peso em miligramas

T= o tempo de exposição em horas

A= a área do provete em centímetros quadrados

Estão disponíveis várias monografias para o cálculo da taxa de corrosão.

1.9 ATENUAÇÃO DA CORROSÃO:

A corrosão nunca pára, mas o seu alcance e gravidade podem ser reduzidos. Os métodos de controlo da corrosão podem ser divididos em dois tipos gerais. Um é baseado na tecnologia e o outro na gestão.

1.9.1 Métodos baseados na tecnologia:

Alguns dos métodos baseados na tecnologia são:

(a) Métodos de proteção catódica e anódica

(b) Utilização de inibidores

(c) Utilização de revestimentos e forros

(d) Seleção de materiais e

(e) Conceção adequada

1.9.2 Métodos baseados na gestão:

O método baseado na gestão é frequentemente conhecido como gestão da corrosão. Este método permite a utilização de recursos manuais (como conhecimentos humanos, energia, tempo, etc.) de uma forma mais rentável para mitigar a corrosão.

1.9.3 Métodos de prevenção e controlo da corrosão:

A corrosão é destrutiva e silenciosa, actuando a todo o momento, a todos os níveis e em todos os estabelecimentos. Apresenta problemas tanto para as grandes como para as pequenas indústrias. Uma vez que a corrosão é impraticável de eliminar, a ciência e a engenharia da corrosão eficazes residem no seu controlo e não na sua prevenção. Os vários métodos utilizados para a prevenção e controlo da corrosão são resumidos a seguir:

(i) Mudança de ambiente

(a) Remoção de componentes corrosivos - oxigénio, humidade, etc.

(b) Utilização de inibidores - Passivadores químicos, inibidores de adsorção, inibidores de formação de película e inibidores de fase de vapor.

(c) Alteração da metodologia de funcionamento - pH, temperatura, velocidade, etc.

(ii) Melhoria da conceção

(a) Alteração da composição metálica - utilização de ligas em vez de metais separados.

(b) Alteração da microestrutura do metal - modificação da superfície.

(iii) Mudança de metal - eliminação de tensões de tração, introdução de tensões de compressão na superfície.

(iv) Alteração do potencial do elétrodo metálico - produção anódica e catódica.

(v) Utilização de revestimentos para separar o metal do ambiente

(a) Revestimentos orgânicos - tintas

(b) Revestimentos inorgânicos - metálicos (catódicos e anódicos) e não metálicos (cimentícios, vítreos).

1.10 ÁREAS PROBLEMÁTICAS DE CORROSÃO:

A identificação das áreas problemáticas nas indústrias e a formulação de políticas corretas para a aplicação bem sucedida de medidas de controlo assumem grande importância. As áreas problemáticas de corrosão nas indústrias química, nuclear, de projectos hidroespaciais, de centrais térmicas, aeroespacial, de refinarias de petróleo e de fertilizantes podem ser classificadas nos seguintes grupos

- Área de armazenamento
- Decapagem ácida, descalcificação ácida, limpeza ácida e acidificação de poços de petróleo. Sistemas de transporte
- Bombas, compressores
- Recipientes sob pressão especiais e de cauda
- Permutadores de calor
- Sistemas de produção de vapor
- Águas de arrefecimento
- Estruturas estruturais e civis.

O presente estudo visa desenvolver um método adequado de controlo da corrosão para o sistema de banho de decapagem, tendo em vista a sua aplicação em instalações industriais. Uma vez que a utilização de um método de controlo da corrosão baseado em inibidores é um dos métodos mais económicos e práticos para ambientes ácidos, o presente estudo enquadra os seus objectivos principalmente na exploração e avaliação de formulações de inibidores adequadas para uma aplicação eficiente em ambientes ácidos, especialmente em banhos de decapagem. Os pormenores sobre os antecedentes da seleção de inibidores, as técnicas de avaliação, as abordagens, a sequência do estudo e o estilo de apresentação são claramente explicados nas secções seguintes.

1.11 BANHOS DE RECOLHA

É um processo efectuado para remover as incrustações de óxido (carepa de moinho ou ferrugem) de um metal através da imersão numa solução ácida adequada denominada banho de decapagem.

O banho de decapagem é um tratamento de superfície de metal utilizado para remover impurezas, tais como manchas, contaminantes inorgânicos, ferrugem ou incrustações de metais ferrosos, cobre e ligas de alumínio. Uma solução denominada licor de decapagem, que contém ácidos fortes, é utilizada para remover as impurezas da superfície. É normalmente utilizada para descalcificar ou limpar o aço em vários processos de fabrico de aço.

1.12 CORROSÃO DO LATÃO

O latão é o material de engenharia e construção mais importante do mundo. É utilizado em todos os aspectos da nossa vida, desde o fabrico de automóveis a produtos de construção, desde biqueiras de aço para calçado de proteção a frigoríficos e máquinas de lavar e desde navios de carga ao bisturi mais fino para cirurgia hospitalar. Existem vários milhares de tipos de aço publicados, registados ou normalizados em todo o mundo. Todas as qualidades de aço têm composições químicas diferentes e sistemas de numeração especiais que foram desenvolvidos em vários países para classificar o enorme número de ligas. Além disso, todos os diferentes tratamentos térmicos possíveis, microestruturas, condições de conformação a frio, formas e acabamentos de superfície significam que existe um enorme número de opções disponíveis para os utilizadores de aço. Felizmente, os aços podem ser classificados razoavelmente bem em alguns grupos principais, de acordo com as suas composições químicas, aplicações, formas e condições de superfície.

O latão encontra uma variedade de aplicações industriais, para fins mecânicos e estruturais, como trabalhos em pontes, construção, placas de caldeiras, peças de motores a vapor e automóveis. Encontra várias utilizações na maioria das indústrias químicas devido ao seu baixo custo e fácil disponibilidade para o fabrico de vários recipientes de reação, tanques, tubos, etc. Uma vez que sofre de corrosão grave em ambientes agressivos, tem de ser protegido. Ácidos como o HCl e o H2SO4 têm sido utilizados em operações de perfuração, banhos de decapagem e processos de desincrustação.

1.13 CONTROLO DA CORROSÃO POR INIBIDORES E SUA ACÇÃO INIBIDORA:

Os tópicos mais extensivamente estudados no domínio da corrosão são a inibição. Foram publicados vários livros sobre a inibição da corrosão. A Universidade de Ferrara, em Itália, realiza um simpósio sobre inibição da corrosão de cinco em cinco anos. O Congresso Internacional sobre Corrosão discute o desenvolvimento e a aplicação de inibidores de corrosão. Trabanelli e Carassiti analisaram este fenómeno.

1.13.1 Definição de inibidor de corrosão:

Um inibidor de corrosão é uma substância química que, quando adicionada em pequenas quantidades ao ambiente corrosivo aquoso, diminui efetivamente a corrosão de um metal. De um ponto de vista cinético, a inibição é definida como a diminuição da velocidade de uma ou mais etapas parciais da reação total do elétrodo. Em estudos electroquímicos, a inibição é definida como a diminuição da taxa de reação do elétrodo causada pela influência do material, isto é, por um ou mais componentes diferentes do eletrólito que se juntam na interface do elétrodo ou perto dela.

1.13.2 Modo de ação dos inibidores de corrosão:

O papel do inibidor é formar uma barreira de uma ou várias camadas moleculares contra o ataque ácido. A ação protetora está frequentemente associada à adsorção química ou física que envolve uma variação na carga da substância adsorvida e a transferência de carga de uma fase para a outra.

Os inibidores influenciam a cinética das reacções electroquímicas que constituem o processo de corrosão, modificando assim a dissolução do metal em ácidos. Os dados existentes mostram que a maioria dos inibidores orgânicos actua por adsorção na superfície do metal. Alteram a estrutura da dupla camada eléctrica através da adsorção na superfície do metal. O tipo de interação do inibidor na superfície do elétrodo durante a corrosão foi deduzido das suas caraterísticas de adsorção por vários autores.

1.13.3 Classificação dos inibidores:

1. O tipo I forma uma película protetora na superfície do metal.
2. O tipo II reduz a agressividade dos meios de corrosão.
3. O tipo III forma uma película protetora e reduz a agressividade do agente corrosivo.

Com base no ambiente corrosivo, os inibidores são classificados em três tipos, nomeadamente, inibidores ácidos, inibidores neutros e alcalinos e inibidores da fase de vapor.

1.13.4 Classificação recente dos inibidores de corrosão:

Os inibidores foram classificados convencionalmente como orgânicos e inorgânicos, em fase de solução e de vapor, anódicos e catódicos por muitos autores. No entanto, estes sistemas de classificação não abrangem toda a gama de inibidores que estão a ser utilizados atualmente. A seleção de inibidores de corrosão para combater um problema de corrosão específico requer um conhecimento detalhado do mecanismo do processo de corrosão.

No entanto, foi recentemente proposta uma classificação baseada no mecanismo de ação inibidora. Esta classificação divide os inibidores em quatro categorias principais:

(1) Neutralizadores

(2) Formadores de camadas de barreira

(3) Catadores

(4) Diversos

(1) Neutralizadores:

Os iões de hidrogénio do ambiente corrosivo são removidos pelos inibidores neutralizantes e, consequentemente, a corrosividade do ambiente, bem como a concentração do reagente catódico, é reduzida. Estes inibidores são utilizados no tratamento de águas de caldeiras, aplicações em campos petrolíferos e em sistemas de arrefecimento de etilenoglicol.

(2) Formadores de camadas de barreira:

Os formadores de barreiras foram ainda classificados em oxidantes, formadores de camadas adsorvidas e formadores de camadas de conversão. Em geral, estes inibidores são eficazes na redução das taxas de reação anódica e catódica, exceto no caso dos inibidores oxidantes que deslocam o potencial de corrosão do metal para um valor mais positivo, no qual se forma um óxido ou hidróxido estável que protege a superfície do metal.

(3) Catadores:

Estes são semelhantes aos neutralizadores, mas são utilizados para remover espécies corrosivas, exceto iões de hidrogénio. A hidrazina é amplamente utilizada em sistemas de caldeiras como eliminador para remover os vestígios de oxigénio, que é o reagente catódico.

(4) Diversos:

Materiais como os inibidores de incrustação e os inibidores de crescimento biológico que reduzem a corrosão interferindo com outros processos são geralmente classificados como inibidores diversos.

1.14 INIBIDORES DE CORROSÃO EM AMBIENTE ÁCIDO:

As soluções de ácido clorídrico e sulfúrico são amplamente utilizadas na indústria. Alguns dos importantes domínios de aplicação são a decapagem ácida do ferro e do aço, a limpeza e o processamento químico, a produção de minério e a acidificação de poços de petróleo. A utilização de inibidores é um dos métodos mais económicos e práticos para reduzir o ataque corrosivo aos metais.

Durante a última década, a inibição da corrosão do latão em soluções ácidas por vários tipos de inibidores orgânicos tem atraído muita atenção. É geralmente aceite que os inibidores actuam através da adsorção dos seus grupos funcionais na superfície do metal, alterando as propriedades de resistência à corrosão do metal. Recentemente, foi demonstrado que a adsorção de inibidores orgânicos depende principalmente das propriedades físico-químicas e electrónicas da molécula, relacionadas com os seus grupos funcionais, efeitos estéricos e densidade eletrónica dos átomos dadores e o carácter pi-orbital dos electrões dadores.

A maioria dos inibidores orgânicos conhecidos contém nitrogénio, enxofre, oxigénio, fósforo e anéis aromáticos ou ligações múltiplas na sua estrutura molecular. As pesquisas detalhadas de inibidores ácidos são apresentadas separadamente no capítulo II.

1.15 TEORIAS DE INIBIÇÃO DA CORROSÃO:

Os inibidores de corrosão têm sido o principal objetivo de muitas análises e simpósios. A ação do inibidor em meios ácidos, alcalinos e neutros tem sido explicada principalmente pela adsorção e/ou formação de película. No caso dos inibidores ácidos, podem também atuar, além disso, afectando a cinética da evolução do hidrogénio (teoria do potencial de sobreposição do hidrogénio).

1.15.1 Teoria da adsorção e efeito da estrutura molecular:

A teoria da adsorção, proposta por Machu, prevê a formação de uma camada porosa da substância inibidora com elevada resistividade eléctrica como caraterística essencial da inibição da corrosão. Os inibidores influenciam a cinética das reacções electroquímicas que constituem o processo de corrosão, modificando assim a dissolução do metal em ácidos. Os dados existentes mostram que a maioria dos inibidores orgânicos actua por adsorção na superfície do metal. Alteram a estrutura da dupla camada eléctrica através da adsorção na superfície do metal. Foi realizado um grande número de estudos para determinar a adsorção de vários compostos na interface elétrodo/solução.

Lorenz e Mansfeld classificaram os modos de efeito de inibição dos inibidores em três categorias: o causado por (i) o efeito de bloqueio geométrico das espécies inibidoras adsorvidas na superfície do metal (ii) o efeito de bloqueio dos sítios activos na superfície do metal pelas espécies inibidoras adsorvidas (iii) o efeito electro catalítico do inibidor ou dos seus produtos de reação.

Foi discutido no caso do primeiro modo que o efeito de inibição provém da redução da área de reação na superfície do metal corroído, enquanto que para os outros dois modos os efeitos de inibição são devidos às alterações nas barreiras médias de energia de ativação das reacções anódicas e catódicas do processo de corrosão. Assim, o comportamento eletroquímico e a interpretação dos dados electroquímicos medidos não serão os mesmos para todos os modos. Há muitos factores que afectam a eficiência de inibição dos compostos orgânicos em meios ácidos.

O efeito da estrutura molecular e a relação de inibição da corrosão dos compostos orgânicos têm recebido muita atenção dos investigadores da corrosão. Sanyal e Anil Kumar investigaram o efeito inibidor de algumas bases de Schiff na corrosão do latão em meios ácidos com base na sua estrutura química e no efeito dos substituintes. Subsequentemente, foram realizadas muitas investigações para correlacionar os efeitos dos substituintes em moléculas relacionadas, tais como piridinas, aminas alifáticas, ácidos benzóicos, sulfuretos alifáticos e tiofenos, com eficiências inibidoras e densidades de electrões em grupos funcionais, tal como estimado a partir das constantes de Hammet.

1.15.2 Teoria da formação cinematográfica:

Para explicar a ação dos inibidores em meios neutros e alcalinos, Evans propôs a teoria da formação de película. Ele relatou que a inibição é atribuída à formação de um filme insolúvel. De acordo com Putilova *et al.*, em solução ácida, a inibição deve-se à formação de uma camada de produto de corrosão insolúvel ou ligeiramente solúvel na superfície do metal.

1.15.3 Teoria do sobrepotencial de hidrogénio:

As acções dos inibidores ácidos foram explicadas pela teoria do potencial de hidrogénio. Acreditava-se que os inibidores aumentavam o potencial de hidrogénio e, assim, aumentavam a polarização catódica [118]. Aiad *et. al.* [119], salientou que os derivados de imidazolina são adsorvidos nas regiões anódicas e catódicas da superfície metálica e revelam que o potencial de corrosão se desloca mais para a direção negativa do que para a direção positiva. Isto indica que os inibidores são predominantemente catódicos. Yurt *et. al.* [120], investigaram que a mudança no potencial de corrosão inicial do metal na presença de bases de Schiff contendo o grupo piridilo na direção positiva indica que actuam como inibidores anódicos.

CAPÍTULO - II REVISÃO DA LITERATURA

1. REVISÃO DA LITERATURA:

A anilina e as alquilaminas são consideradas inibidores eficazes de materiais ferrosos em meios ácidos. AbdEl Fattah *et al.*, Khaled e Hackerman estudaram o efeito inibidor das anilinas *p-substituídas* e *o-substituídas*. A ação inibidora destas aminas foi causada pelo efeito simultâneo de factores de bloqueio e de energia. Isto deve-se principalmente à interação do eletrão л e à formação de ligações de coordenação entre o Fe e o N das anilinas substituídas. A quimisorção de moléculas inibidoras na superfície do metal depende substancialmente das propriedades polares das moléculas inibidoras. As aminas são uma classe de inibidores bem conhecidos para soluções ácidas e são conhecidas por exercerem um elevado grau de proteção para materiais ferrosos. A pesquisa na literatura revela que o efeito inibidor das aminas primárias, secundárias, terciárias e tetra cíclicas e alifáticas está bem documentado. Khaled *et al. investigaram* o desempenho inibidor das piperdinas substituídas para o ferro em solução de HCl e a inibição deve-se principalmente ao par de electrões solitários no átomo de azoto e ao efeito indutor de doação de electrões causado pelo substituinte metilo. Assim, um aumento da densidade eletrónica no átomo de azoto deve reforçar a ligação entre o azoto e o ferro. O tamanho, a posição dos substituintes e a força relativa do efeito de libertação de electrões dos substituintes alquílicos no inibidor desempenham um papel significativo.

Hackerman *et. al.* estudaram as propriedades inibidoras de muitos compostos orgânicos que são determinadas pela densidade de electrões no centro de reação. Com um aumento da densidade de electrões no centro de reação, a quimisorção entre o inibidor e o metal é reforçada. Hackerman estabeleceu as propriedades protectoras da piridina e dos seus derivados. Descobriu que a capacidade destes compostos para reduzir a corrosão é, na verdade, aumentada com densidades electrónicas mais elevadas em torno do átomo de azoto, de acordo com a sequência: piridina < 3-picolina < 2-picolina < 4-picolina. Assume-se que, para os compostos orgânicos, durante a primeira ionização, um dos electrões do par não partilhado é destacado, pelo que o potencial de ionização pode servir como uma medida da densidade eletrónica no átomo de azoto.

Hackerman *et al.* estudaram a adsorção de substâncias orgânicas com uma longa cadeia de hidrocarbonetos a partir de solventes orgânicos. Estes estudos mostraram que quanto melhor a substância é adsorvida, mais eficazmente protege a superfície.

Os átomos de azoto e/ou enxofre adsorvem-se facilmente na superfície do metal, deslocando as moléculas de água, como sugerido por Bockris e Swinkels.

As soluções ácidas quentes são geralmente utilizadas para remover as escamas de moagem (escamas de óxido) da superfície do metal em várias indústrias a temperaturas elevadas, tais como 60° C em ácido clorídrico e até 95° C em ácido sulfúrico. Para minimizar a percentagem de perda de metal durante este processo, são amplamente utilizados vários compostos, tais como álcoois acetilénicos, indóis, derivados de tioureia, ditiazonas, etc.

Awad *et al. investigaram* a capacidade de uma série de compostos orgânicos heterocíclicos à base de azoto para inibir a corrosão do ferro em HCl e elucidaram a forma ativa dominante dos compostos aplicados durante o processo de adsorção para explorar o mecanismo da sua ação. Além disso, relataram que a ação inibidora dos compostos à base de azoto investigados depende principalmente da sua concentração e estrutura molecular. Estes compostos actuam como inibidores de tipo misto e funcionam por quimisorção na superfície metálica, formando ligações do tipo dador/acetor entre as moléculas inibidoras e as orbitais d vagas dos átomos de ferro da superfície.

Hariharapurthran *et al. efectuaram* um estudo exaustivo sobre a influência dos grupos substituintes no desempenho do N-óxido de N-benzilidina-fenilamina como inibidor da corrosão do latão em soluções ácidas.

Yurchenko *et. al.* estudaram e verificaram o efeito inibidor dos brometos de N-fenacilpiridínio como inibidores da corrosão ácida em latão. Foi revelada uma relação entre a natureza dos substituintes no grupo amida do anel piridina e as propriedades de proteção contra a corrosão dos compostos estudados. Foram encontrados compostos que demonstram uma elevada eficiência de proteção em soluções ácidas a temperaturas elevadas. Os efeitos de aditivos contendo halogenetos e enxofre na corrosão do ferro em ácido sulfúrico 1M na presença de derivados nucleofílicos *de o-hidroxiazometina* são estudados por Grigor'ev e Boginskaya. As dependências da eficiência de inibição, bem como a sua sensibilidade à mudança na polaridade dos substituintes e a energia de ativação efectiva na natureza e concentração de ambos os grupos de aditivos são interpretadas em termos da relação linear de energia de Gibbs e do princípio de ácidos e bases duros e moles.

A inibição da corrosão do latão em meio ácido pela N-benzilideno-3- (quinolina-4-iltio)propano-hidrazida foi investigada por Ramesh Saliyan e Airody Vasudeva Adhikari. A maior eficácia do composto na inibição da corrosão do latão em meio ácido baseou-se no facto de um heterociclo de azoto (quinolina) conter grupos trifluorometilo, tio, hidroxi e hidrazida. Sanyal e Anil kumar estudaram o efeito inibidor de alguns ligandos de base de Schiff na corrosão do latão em meio ácido.

Bastidas *et. al.*, investigaram a relação entre o mecanismo de adsorção, a estrutura molecular e a eficiência de inibição da tributilamina como inibidor de corrosão do aço macio em solução de ácido clorídrico. Larabi *et al.* efectuaram um estudo exaustivo sobre a influência sinérgica da poli(4vinilpiridina) e do iodeto de potássio na inibição da corrosão do latão em HCl 1M. As bases de Schiff como inibidores da corrosão do latão em ácido clorídrico foram estudadas por Upadhyay *et. al.* A sua tentativa de encontrar uma relação entre a estrutura molecular e a eficiência de inibição mostrou que a presença do grupo -OCH3 na 4-metoxi anilina aumenta ainda mais a eficiência de inibição do átomo de azoto devido à presença de um par de electrões solitários no átomo de oxigénio, o que desactiva o efeito do ácido.

2. ÂMBITO DOS TRABALHOS:

Apesar de muito trabalho ter sido realizado no domínio do controlo da corrosão, também tem sido feita uma procura contínua para a identificação de melhores inibidores para satisfazer as necessidades das indústrias. O efeito da temperatura no processo de inibição é também de grande importância industrial. Espera-se que os inibidores eficazes funcionem numa vasta gama de condições. A corrosão é mais grave durante a decapagem e a limpeza de metais e ligas utilizando soluções ácidas; por conseguinte, deve ser dada especial atenção à seleção de inibidores para tais aplicações práticas.

A seleção de inibidores adequados depende principalmente do tipo de ácido, da sua concentração, temperatura e velocidade de fluxo, da presença de substâncias inorgânicas ou orgânicas dissolvidas, mesmo em pequenas quantidades e, claro, do tipo de material exposto à ação de soluções ácidas. Tendo em conta o processo técnico de decapagem, os bons inibidores devem satisfazer um grande número de requisitos, tais como a inibição eficaz da dissolução do metal, a decapagem eficaz na presença de catiões de valência mais elevada, a ausência de atraso no processo de decapagem, a eficácia a baixa concentração e a temperaturas mais elevadas, a estabilidade térmica e química, a inibição eficaz da absorção de hidrogénio pelo metal, boas caraterísticas tensioactivas e boas caraterísticas de formação de espuma.

Os pré-requisitos mais importantes para que os compostos sejam inibidores eficientes são que as substâncias devem quimissorver na superfície do metal, ter alta energia de adsorção na superfície do metal e a camada de barreira assim formada deve aumentar a espessura da camada interna.

Os compostos heterocíclicos contendo azoto têm uma afinidade especial com as superfícies metálicas, deslocando as moléculas de água na superfície. Além disso, os compostos heterocíclicos contendo azoto possuem uma abundância de electrões pi e pares de electrões não partilhados no azoto, que podem interagir com as orbitais d do ferro para formar uma película protetora.

CAPÍTULO - III OBJECTIVO E ÂMBITO DE APLICAÇÃO

Os objectivos pormenorizados são os seguintes:

1. Avaliar a eficiência de inibição de compostos orgânicos e seus derivados para a corrosão em ambientes ácidos através de medições de perda de peso padrão a diferentes temperaturas, diferentes concentrações do inibidor e tempo de exposição.

2. Para determinar o efeito de cada composto nas reacções de corrosão

Polarização potenciodinâmica.

3. Avaliar a interação de cada composto com a superfície metálica por espetroscopia de impedância eletroquímica (EIS).

4. Examinar a natureza das espécies adsorvidas na superfície do cobre através do Microscópio Eletrónico de Varrimento.

5. Estabelecer os efeitos inibidores de um revestimento formado sobre o metal por um composto orgânico dissolvido em solventes.

Isto inclui:

- Estudo da polarização pelo revestimento em diferentes ambientes de teste
- Investigação da natureza e orientação das espécies adsorvidas na superfície do metal
- As imagens AFM confirmam a formação de uma camada protetora na superfície do metal.

O presente trabalho é realizado com o objetivo de desenvolver uma nova formulação de inibidores contendo produtos químicos orgânicos para a inibição do latão em meio ácido.

CAPÍTULO - IV MATERIAIS E MÉTODOS

4.1. Materiais:

Preparação de amostras metálicas:

Latão com as dimensões de 1,0 × 4,0 × 0,25 cm e com a comparação de percentagens de **Cu** **59**,08% **Zn:** 40% Fe 0,2% e impurezas de equilíbrio foram fundidos a laser sob diferentes condições e as amostras de latão foram polidas mecanicamente usando diferentes graus de folhas de esmeril, lavadas com tricloroetileno e água triplamente destilada e secas.

Os espécimes com as dimensões de 1,0 × 4,0 × 0,25 cm foram polidos até ao acabamento espelhado, desengordurados com tricloroetileno e utilizados para estudos de perda de peso e de exame da superfície.

O latão encapsulado em Teflon com uma secção transversal exposta de 1 cm^2 de área foi utilizado como elétrodo de trabalho em estudos de polarização potenciostática. A superfície do elétrodo foi polida até ao acabamento espelhado e desengordurada com tricloroetileno.

4.1.2. Produtos químicos utilizados:

As soluções ácidas (1N H2SO4) foram preparadas por diluição de um H2SO4 1N de grau analítico com água bidestilada. Os outros produtos químicos utilizados no estudo foram de grau GR. Todos os ensaios foram efectuados a diferentes temperaturas em solução agitada magneticamente.

4.1.3. Preparação de soluções de reserva:

Sempre que necessário, foi utilizada água bidestilada na preparação das soluções. O H2SO4 de grau analógico foi utilizado como tal e diluído até à concentração necessária.

A concentração necessária da solução de reserva do inibidor foi preparada dissolvendo o inibidor em metanol. Em seguida, adicionou-se o volume necessário da solução de reserva do inibidor. No caso do branco, utilizou-se o mesmo volume de metanol sem os inibidores.

As amostras de inibidores utilizadas no estudo foram amostras importadas da Fluka. A estrutura e as fórmulas moleculares e a estrutura molecular são apresentadas de seguida.

Fig. b) 3-Amino 1,2,4 Triazol (ATA)

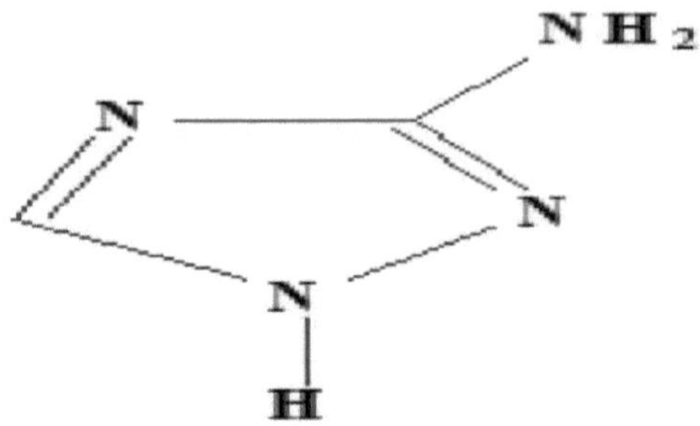

4.2. Métodos:

4.2.1. Medida de perda de peso:

As medições de perda de peso foram efectuadas de acordo com o método descrito anteriormente (15-17). As medições de perda de peso foram efectuadas a 303 ± 1 durante 1h, imergindo os espécimes de cobre em soluções de ácido 1N H2SO4 (100 mL) sem e com várias quantidades de inibidor. Após o tempo decorrido, o espécime foi retirado, lavado, seco e pesado com precisão. Todas as concentrações de um inibidor para perda de peso e estudo eletroquímico foram tomadas em concentração molar (N).

A cobertura da superfície (θ) e a eficiência de inibição (IE%) foram determinadas pelas seguintes equações:

$$\theta = \frac{W_0 - W_1}{W_0} \quad (4.1)$$

$$IE(\%) = \frac{W_0 - W_1}{W_0} \times 100 \quad (4.2)$$

em que W1 e W0 são os valores de perda de peso em "g" na presença e ausência de inibidores, respetivamente.

4.2.2. Medição da perda de peso a diferentes temperaturas:

A perda de peso foi calculada a diferentes temperaturas de 303 K a 333 K. Cada experiência foi duplicada para obter uma boa reprodutibilidade. As medições de perda de peso foram efectuadas em H2SO4 1N com e sem a adição do inibidor na sua melhor concentração inibidora (0,01 N), tendo sido calculada a percentagem de inibição do inibidor a várias temperaturas(18).

4.2.3. Medições da polarização potenciodinâmica:

Foram efectuados estudos de polarização potenciodinâmica para a amostra de latão, tanto na presença como na ausência dos inibidores(19).

O elétrodo utilizado foi uma barra de latão com a mesma composição utilizada para a medição da perda de peso. A amostra foi embebida em PTEF com uma área exposta de 1 cm^2. A célula de polarização utilizada foi um conjunto de três eléctrodos. Uma folha de platina retangular foi utilizada como contra-elétrodo ou elétrodo auxiliar. O contra-elétrodo tem uma área muito maior do que a área do elétrodo de trabalho. Isto exercerá um campo potencial uniforme sobre o elétrodo de trabalho. Os eléctrodos de referência foram Hg/Hg2Cl2/3M 1N H2SO4 para a solução de H2SO4.

Introduziu-se uma quantidade constante de 100 ml da solução de ensaio numa célula de polarização. O elétrodo de trabalho foi polido sucessivamente com lixa 0/0,1/0, 2/0, 3/0 e 4/0 e desengordurado com acetona. O elétrodo de trabalho, o elétrodo de referência e o elétrodo auxiliar de platina foram montados e as ligações foram efectuadas.

As soluções de ensaio foram agitadas para evitar a polarização da concentração antes do início da experiência. Foi dado um intervalo de tempo de cerca de 15 minutos para que o sistema atingisse um estado estável e o potencial de circuito aberto foi registado. As curvas de polarização de Tafel foram obtidas alterando automaticamente o potencial do elétrodo de -0,200 V para +0,200 V no potencial de circuito aberto com uma velocidade de varrimento de 1,0 mVS^{-1}. Os valores de I_{corr}, E_{corr}, b_a e b_c foram obtidos a partir dos gráficos de Tafel utilizando o software "Corr view" correspondente e utilizados na expressão seguinte.

Foram efectuadas medições de polarização para espécimes de latão em 1M H $S0_{24}$ na presença e ausência dos inibidores. A corrente em mA e o potencial em mV foram representados num gráfico. A partir do gráfico, foram calculados os declives de Tafel (em mV/década), a corrente de corrosão (em mA/cm^2) e o potencial de corrosão (em mV).

$$\text{Inhibition efficiency }(\%) = \left(\left(I^0_{corr} - I^i_{corr} \right) \Big/ I^0_{corr} \right) \times 100$$

em que $I_c{}^0{}_{orr}$ e $I_c{}^i{}_{orr}$ são valores da densidade da corrente de corrosão na ausência e na presença do inibidor, respetivamente.

Foram efectuadas medições de polarização para espécimes de latão em 1N H2SO4 na presença e ausência dos inibidores. A corrente em A e o potencial em V foram representados num gráfico. A solução não foi dessecada para tornar as condições idênticas às da medição da perda de peso.

4.2.4. Espectroscopia de impedância AC-Eletroquímica:

As medições de impedância foram efectuadas ao potencial de circuito aberto utilizando um potencióstato Solar tron modelo 1280B controlado por computador As medições EIS foram efectuadas na célula cilíndrica de vidro Pyrex convencional de três eléctrodos com uma capacidade de 1000 mL. Foram utilizados um elétrodo de calomelano saturado (SCE) e um elétrodo de disco de platina, respetivamente, como eléctrodos de referência e auxiliar(20).

O elétrodo de trabalho foi embebido em PTFE com uma área exposta de 1 cm^2 , desengordurado com etanol de grau AR e acetona, e lavado com água bidestilada antes de ser utilizado. Todos os potenciais são apresentados em relação ao SCE, após imersão da amostra, antes da medição da impedância, tendo sido deixados 30 minutos para que o Ecorr atingisse um valor estável antes do início dos ensaios. A gama de frequências AC estendeu-se de 10 kHz a 0,01 Hz com amplitude de sinal de 10 mV no potencial de corrosão.

As medições foram controladas automaticamente pelo software Z-View e os diagramas de impedância são apresentados na representação de Nyquist (Zreal vs. Zimaginary).

Foram efectuadas medições de impedância do cobre em H2SO4 1N com e sem a adição de inibidores em três concentrações diferentes. Os valores da resistência à transferência de carga (Rt), da capacidade de dupla camada (Cdl), da corrente de corrosão (Icorr), da eficiência de inibição (IE) e da cobertura da superfície (θ) foram obtidos a partir da medição da impedância e a eficiência de inibição foi calculada utilizando a fórmula

$$\text{Inhibition efficiency (\%)} = \left(\left(I^0_{corr} - I^i_{corr} \right) \Big/ I^0_{corr} \right) \times 100$$

em que Ic^0_{orr} e Ic^i_{orr} são valores da densidade da corrente de corrosão na ausência e na presença de inibidor, respetivamente.

4.2.5. Espectro de Absorção UV-Visível de Soluções:

Os espectros electrónicos são frequentemente muito úteis na avaliação da investigação estrutural. Os espectros UV-visível do ligando e dos complexos são registados na gama de 200-800 nm num espetrofotómetro Perkin-Elmer modelo Lambda 35. Os valores de absorvância são representados em função do comprimento de onda, utilizando o metanol como solvente. As medições electrónicas espectrais podem fornecer informações valiosas relacionadas com a ligação e a estrutura(21-22).

4.2.6. Estudos de Microscopia Eletrónica de Varrimento (SEM):

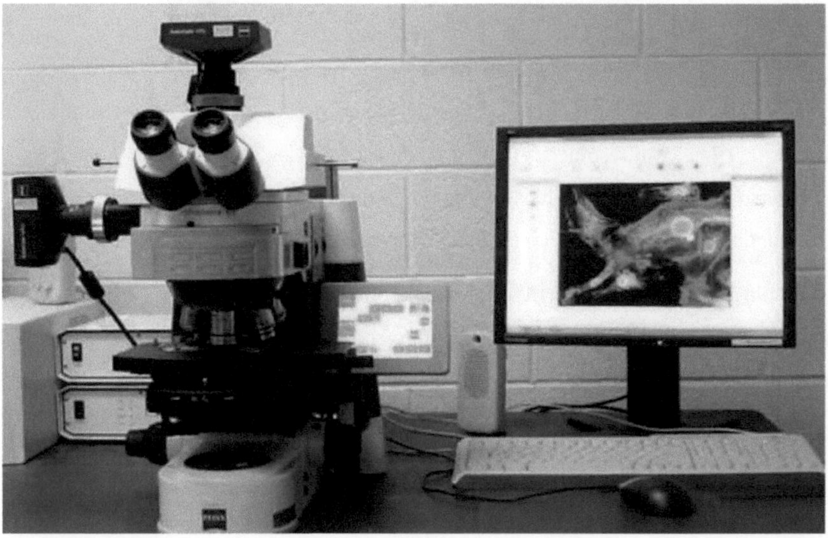

Os espécimes de 1 cm de tamanho² foram utilizados para o exame morfológico da superfície. Estes espécimes de cobre foram imersos em ácido contendo a melhor concentração inibidora (0,01M) de inibidor e soluções não inibidas de 1N H2SO4 durante 1h. Foram retirados, lavados rapidamente com álcool rectificado e secos. Em seguida, a análise SEM foi efectuada no HITACHI-modelo S-3000 H SEM(23).

4.2.7. Microscopia de força atómica (AFM):

O microscópio de força atómica (AFM) é uma técnica nova e excitante que permite obter imagens da superfície com resoluções e precisões mais elevadas do que nunca. O espécime de cobre imerso no branco e na solução inibidora durante um período de 1h foi removido, lavado com água destilada dupla, seco e sujeito ao exame da superfície(24-25).

As medições da morfologia da superfície do metal foram efectuadas por microscopia de força atómica (AFM) utilizando o Pico SPM 2100 com o software Picoscan versão 5.4. Todas as imagens de microscopia de força atómica foram obtidas num instrumento Pico SPM 2100 AFM a funcionar em modo de contacto no ar. O tamanho de varrimento de todas as imagens AFM é de 15 μm× 15 μm a uma velocidade de varrimento de 2,4 linhas por segundo.

CAPÍTULO - V RESULTADOS E DISCUSSÃO

Vários compostos homólogos e isoméricos contendo átomos polares como N, S e O foram testados para inibir a corrosão de metais em meios ácidos. Foi também estabelecida uma boa correlação entre a sua ação inibidora e a sua constituição química, estrutura e reatividade. Neste sentido, foram selecionados e testados inibidores para a corrosão de latão em meio ácido. Os resultados são apresentados e discutidos.

5.1. Estudos de perda de peso:

Os estudos de perda de peso para os compostos orgânicos de ATA foram efectuados na gama de concentrações de 0,0000001 a 0,01M a 303 K + 1 em meio 1N H_2 SO_4 e os resultados foram apresentados no Quadro .1. A taxa de corrosão em condições não inibidas também foi apresentada nas mesmas tabelas.

Observa-se que o composto ATA reduz muito eficazmente a corrosão do latão em meio ácido 1N H2SO4 e serve como bom inibidor. A natureza doadora de electrões do azoto pode ser atribuída a eficiências de inibição mais elevadas. Esta vigilância está de acordo com os resultados registados por muitos investigadores.

Em meio 1N H2SO4, todos os compostos apresentam um desempenho superior a 99% na sua melhor concentração protetora de 0,01M. As eficiências na concentração mais baixa de 0,000001M são superiores a 35 % para todos os compostos.

O composto ATA demonstrou um bom desempenho de inibição de cerca de 95,23% na sua melhor concentração de proteção em meio 1N H2SO4. A eficiência de mais de 90% foi observada na concentração moderada, *ou seja,* na concentração de 0,0001M. A concentração mais baixa do inibidor mostrou uma eficiência de cerca de 42%.

Tabela 1. Valores da taxa de corrosão, eficiência de inibição e cobertura da superfície calculados a partir do método de perda de peso para a corrosão do latão em H2SO4 1N na presença de diferentes concentrações de ATA.

Sl.No.	**Concentração do inibidor** *(N)*	**Taxa de corrosão** *(mpy)*	**Eficiência de inibição** *(%)*	**Cobertura da superfície** *(θ)*
1	Em branco	2.8917	-	-
2	0.000001	1.5201	42.01	0.4201
3	0.000005	1.4712	47.99	0.4799
4	0.00001	1.0220	59.06	0.5906
5	0.00005	0.9121	69.90	0.6990
6	0.0001	0.8990	77.66	0.7766
7	0.0005	0.6002	81.02	0.8102
8	0.001	0.4425	89.75	0.8975
9	0.005	0.2998	93.98	0.9398
10	0.01	0.1899	94.22	0.9422

5.2. O efeito da temperatura:

O efeito da temperatura na inibição da corrosão é altamente complexo, porque podem ocorrer muitas alterações na superfície metálica, tais como a corrosão rápida, a rutura, a dessorção do inibidor e a decomposição e/ou rearranjo do inibidor.

O efeito da temperatura no desempenho de inibição dos compostos na sua melhor concentração protetora de 0,01M foi estudado e os resultados são apresentados na Tabela 2. para o meio 1N H2SO4.

O composto ATA é capaz de manter uma inibição de cerca de 90 % a 313 K em meio 1N H2SO4. Posteriormente, verifica-se uma diminuição lenta da eficiência, que é observada até 323 K. Isto mostra uma eficiência de 82 % a 323 K. Posteriormente, a inibição diminui para 69,8 % a 333 K.

Tabela 2. Valores da taxa de corrosão, eficiência de inibição e cobertura da superfície para diferentes temperaturas na presença de concentração 0,01M de ATA em 1N H_2SO_4

Sl.No.	Temperatura *(K)*	Taxa de corrosão *(mpy)*	Eficiência de inibição *(%)*	Cobertura da superfície *(θ)*
1	*303*	0.1899	95.22	0.9522
2	*308*	0.2125	92.01	0.9201
3	313	0.2301	90.67	0.9067
4	318	0.2833	86.47	0.8647
5	323	0.3454	82.22	0.8222
6	328	0.4891	75.28	0.7528
7	333	1.2588	69.92	0.6992

5.3. Medição da polarização potenciodinâmica:

As caraterísticas corrente - potencial resultantes das curvas de polarização catódica e anódica do latão em 1N H2SO4 na presença e ausência de ATA a várias concentrações são apresentadas na Tabela-3, que dá valores de corrente de corrosão (potencial de corrosão (inclinação de Tafel anódica e catódica (ba,) para ATA a várias concentrações em 1N H_2SO_4. No caso do método de polarização, a relação determina a eficiência de inibição (% I E)

Como se mostra nas Tabelas -.3 e na fig-1, as curvas de corrente catódica - potencial dão origem a linhas de Tafel paralelas, indicando que a reação de avaliação do hidrogénio está sob controlo de ativação e que a densidade de corrente catódica diminui com a concentração de ATA, observando-se um pequeno efeito nas porções anódicas. Este resultado indica que o ATA é adsorvido na superfície do metal nos locais catódicos e, portanto, ocorre inibição, observamos que o inibidor actua na porção anódica e a densidade de corrente anódica é reduzida. Parece também que a presença do inibidor altera ligeiramente os valores do potencial de corrosão sem uma direção definida. Estes resultados indicam que o ATA actua como um inibidor de tipo misto.

Tabela -3 Parâmetros de polarização potenciodinâmica para latão sem e com diferentes concentrações de ATA em 1 N H2SO4.

S.N.	Concentração do inibidor (N)	Ecorr (V)	Inclinação do tafetá		Icorr (A/cm)^2	Eficiência de inibição (%)
			ba (V/dec)	Bc (V/dec)		
1	Em branco	-0.455	0.121	0.131	2.74 x 10^{-3}	-
2	0.000001	-0.458	0.194	0.148	1.54 x 10^{-3}	49.79
3	0.0001	-0.484	0.136	0.167	6.52 x 10^{-4}	76.20
4	0.01	-0.481	0.145	0.185	2.31 x 10^{-4}	97.57

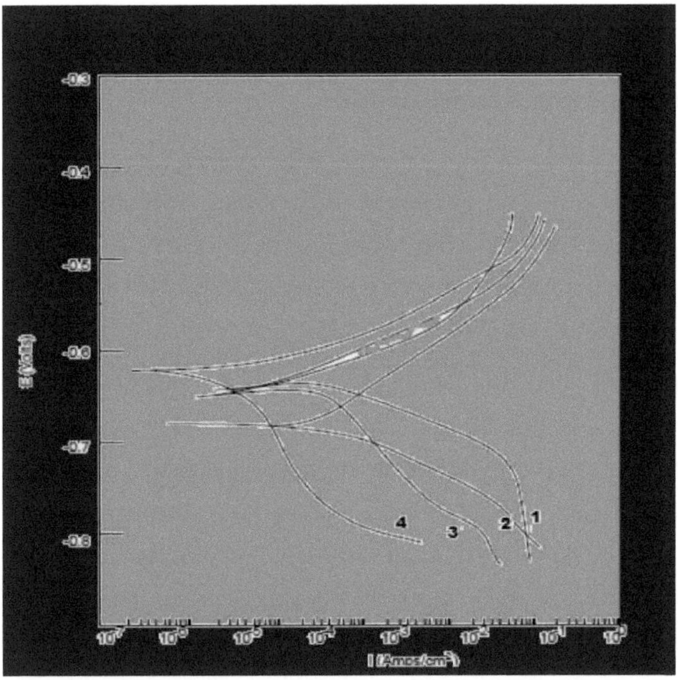

Figura 1. Curva de polarização potenciodinâmica do latão em H2SO4 1N na ausência e na presença de várias concentrações de ATA

1) 1N H2SO4 **2) 1N H2SO4+ 0,000001N ATA**

3) 1N H2SO4 + 0,0001N **4) 1N H2SO4 + 0,01N ATA**

5.4. Espectroscopia de impedância eletroquímica:

Os resultados dos parâmetros de impedância (Rt e C_{dl}) para o inibidor são apresentados na tabela 4 e na figura (2). A partir da tabela 4 e da figura (2), verifica-se que o valor da resistência à transferência de carga (R_t) aumenta com o aumento das concentrações do inibidor, mas o valor da capacitância de dupla camada (C_{dl}) diminui devido à diminuição da constante dieléctrica local e ao aumento da espessura da dupla camada eléctrica, o que sugere que as moléculas do inibidor funcionam por adsorção na interface da solução metálica. Isto pode dever-se à disponibilidade de mais sítios na superfície do metal em solução 1N H2SO4 devido à menor adsorção dos iões nitrocompostos na superfície do metal.

Tabela.4 Medições de impedância para a corrosão de latão em 1N $H_2 SO_4$ na ausência e presença de diferentes concentrações de ATA.

Sl.no.	Concentração do inibidor (N)	Rt (ohm cm)^2	Icorr 2 mA/cm	Cdl *2/* 2 µF/cm	Superfície cobertura (θ)	Inibição Eficiência (%)
1	Em branco	14.51	5.65	81.76	-	-
2	0.000001	53.54	2.11	45.24	0.691	69.1
3	0.0001	66.44	1.12	34.97	0.797	79.7
4	0.01	120.54	0.24	4.28	0.976	97.6

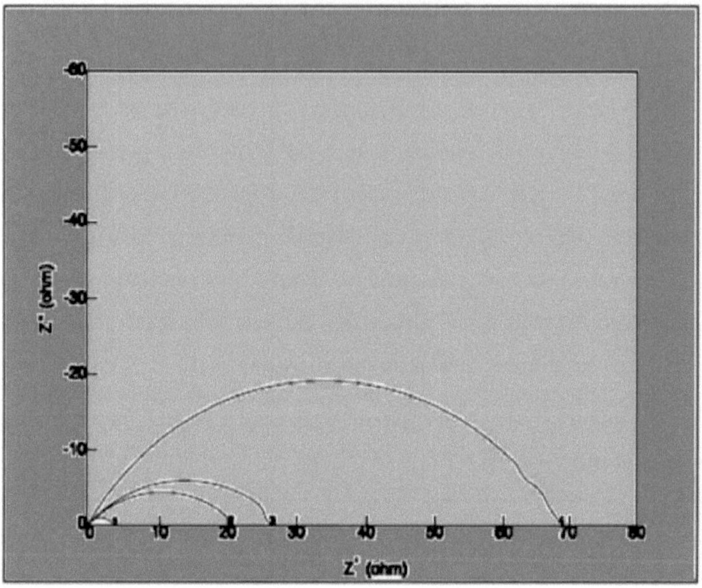

Figura 2, Diagrama de impedância para latão em 1N H2SO4 na ausência e presença de várias concentrações de ATA

1) 1N H2SO4 **2) 1N H2SO4+ 0,000001N ATA**

3) 1N H2SO4 + 0,0001N ATA4 **) 1N H2SO4 + 0,01N ATA**

5.5. Análise dos espectros UV-Visível:

A adsorção da luz é proporcional à concentração da espécie adsorvida, para a análise de rotina, uma técnica de análise convencional simples baseada na adsorção UV-visível é a deteção espectrofotométrica direta mais sensível. A alteração da posição do máximo de absorvância e a alteração do valor da absorvância indicam a formação de um complexo entre duas espécies em solução.

Para confirmar a possibilidade de formação do complexo orgânico de latão composto de ATA, os espectros de absorção UV-visível do inibidor puro e das amostras raspadas obtidas da superfície metálica após imersão em solução ácida contendo inibidores 0,01N durante 1h são mostrados na Fig-3. para a amostra pura e na Fig-4. para a amostra raspada. o inibidor é registado em meio metílico.

A Fig-3 mostra o espetro UV - Visível do ATA puro. O pico de absorção intenso a 275,13 nm é atribuído à transição n →Λ. Esta transição indica a presença de hetero átomo no inibidor.

A Fig. 4 representa o espetro UV-Visível da amostra raspada obtida da superfície metálica após experiências de corrosão em solução de 1NH2SO4. Existem três bandas de absorção com picos menos intensos a 260,65nm, 358,32nm e 910,23nm para o inibidor adsorvido, enquanto dois picos no espetro de ATA puro foram modificados no espetro da amostra raspada. Isto mostra o envolvimento do átomo N- no composto de ATA na doação de pares de electrões à superfície metálica. O aparecimento destas bandas de absorção é atribuído ao envolvimento da coordenação entre o inibidor e a superfície metálica.

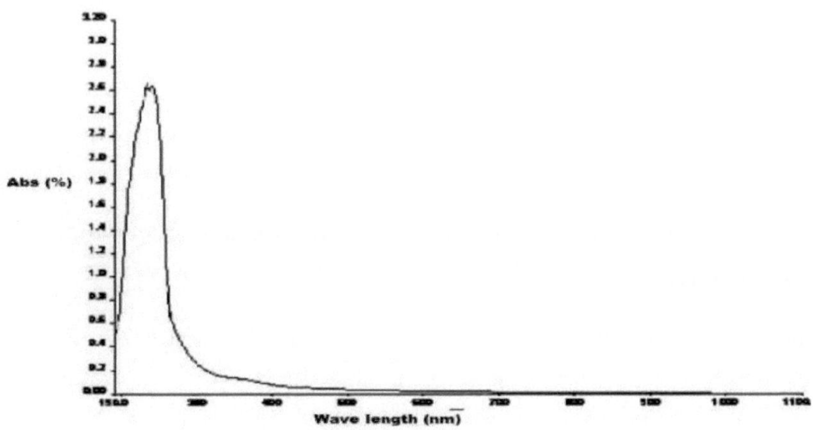

Figura 3. Espectro UV-Visível do ATA

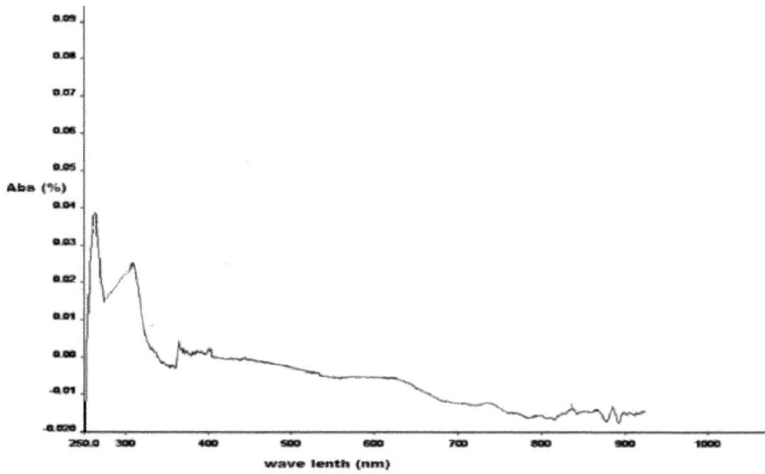

Figura 4. Espectro UV-Visível do ATA obtido da superfície do latão após a experiência de corrosão em 1N H_2SO_4

5.6. Análise da superfície metálica por Microscopia Eletrónica de Varrimento (SEM):

O SEM fornece uma representação pictórica da superfície. Para compreender a natureza da película de superfície na ausência e na presença de inibidores e a extensão da corrosão do cobre. As micrografias SEM da superfície são examinadas.

A imagem SEM do espécime corroído na presença de soluções 1N H2SO4 é mostrada na Figura 5. A faceta observada nas figuras resulta da formação de buracos devido à exposição do latão ao ácido.

As influências da adição de uma concentração 0,01 M de ATA no latão em soluções 1N de H2SO4 são mostradas na Figura -6, respetivamente.

A faceta observada no branco desapareceu e a superfície era lisa e sem buracos. Pode concluir-se que ocorre um mínimo de corrosão na presença do inibidor e, por conseguinte, a corrosão é inibida na presença de ATA no meio ácido.

Fig -5 Imagens SEM 2D de latão imerso em 1N H_2SO_4

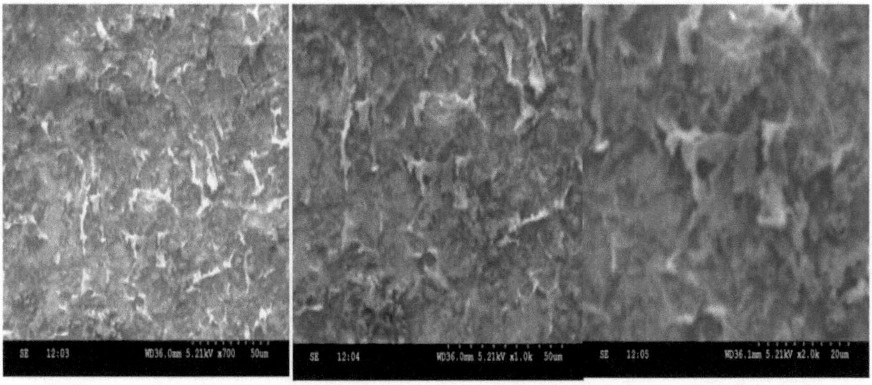

Fig -6, Imagens SEM 2D de latão imerso em 1N H_2SO_4 na presença de ATA

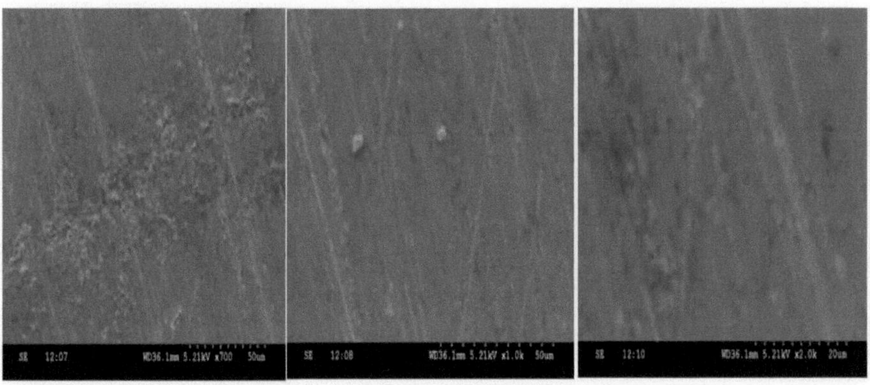

5.7. Análise da superfície metálica por Microscopia de Força Atómica (AFM):

As películas protectoras revestidas no metal latão são examinadas com AFM (Microscopia de Força Atómica), uma técnica poderosa para a recolha de estatísticas de rugosidade de uma variedade de superfícies. A AFM está a tornar-se um método aceite de investigação da rugosidade.

A microscopia de força atómica fornece uma visão direta das alterações na morfologia da superfície que ocorrem a várias centenas de nanómetros, quando ocorrem alterações topográficas devido à corrosão e à formação de película protetora na superfície do metal na presença e ausência de inibidores, respetivamente

As morfologias AFM bidimensional (2D) e tridimensional (3D) da superfície metálica de latão polido. A superfície metálica de latão imersa em 1N H_2 SO_4 e a superfície metálica de latão imersa em 1N H2SO4 contendo inibidor são mostradas nas Figuras 7 e 8.

A análise da imagem AFM foi efectuada para obter a rugosidade média (Ra). O desvio médio do perfil de rugosidade de todos os pontos em relação a uma linha média ao longo do comprimento de avaliação, a rugosidade raiz-quadrado médio Rq (a média dos desvios de altura medidos dentro do comprimento de avaliação e medidos a partir da linha média) e os valores máximos da altura pico-vale (P-V) (a maior altura única pico-vale em cinco alturas de amostragem adjacentes). O Rq é muito mais sensível do que o Ra a desvios de altura grandes e pequenos em relação à média.

Tabela 5. Dados AFM para superfícies de cobre metálico imersas em ambientes inibidos e não inibidos

Amostras	**RMS (Rq) Rugosidade *(nm)***	**Média (R_a) Rugosidade *(nm)***	**Altura máxima do pico ao vale *(nm)***
Latão polido (Controlo)	250	198	2630
Latão imerso em 1N H2SO4 em branco	665	578	2892
Latão imerso em 1N H_2 SO_4 contendo 0,01M ATA	346	248	2080

A Tabela 5 é um resumo da rugosidade média (Ra), da rugosidade RMS (Rq) e do valor máximo da altura pico-vale (P-V) para o cobre imerso em diferentes ambientes.

Os valores de Rq, Ra e altura P-V para a superfície metálica polida são 250 nm, 198 nm e 2630 nm, respetivamente. O que mostra uma superfície homogénea, com alguns locais em que a altura é inferior à profundidade média. A figura 9 mostra a superfície metálica não polida.

Os valores de rugosidade RMS, rugosidade média e altura P-V para a superfície metálica de cobre imersa em 1N H2SO4 são 665 nm, 578 nm e 2892 nm, respetivamente. Estes dados sugerem que a superfície metálica imersa em ácido 1N H2SO4 tem uma maior rugosidade do que a superfície metálica polida, o que mostra que a superfície metálica desprotegida é mais rugosa devido à corrosão do latão em ácido 1N H2SO4.

A presença de ATA em H2SO4 1N reduz o Rq em 346 nm a partir de 660 nm e Ra é significativamente reduzido para 248 nm a partir de 578 nm de metal imerso em ácido. O P-V também diminuiu de 2892 nm para 2080 nm. Estes parâmetros confirmam que a superfície parece mais lisa. A suavidade da superfície deve-se à formação de uma película protetora. A Fig. 9 mostra a superfície metálica não corroída.

Fig-7, Imagens AFM 2D e 3D da superfície metálica polida

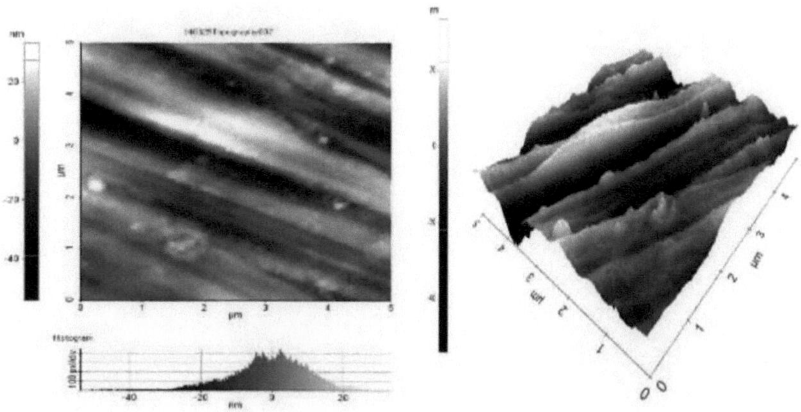

Fig -8. Imagens AFM 2D e 3D de latão imerso em 1N H_2SO_4

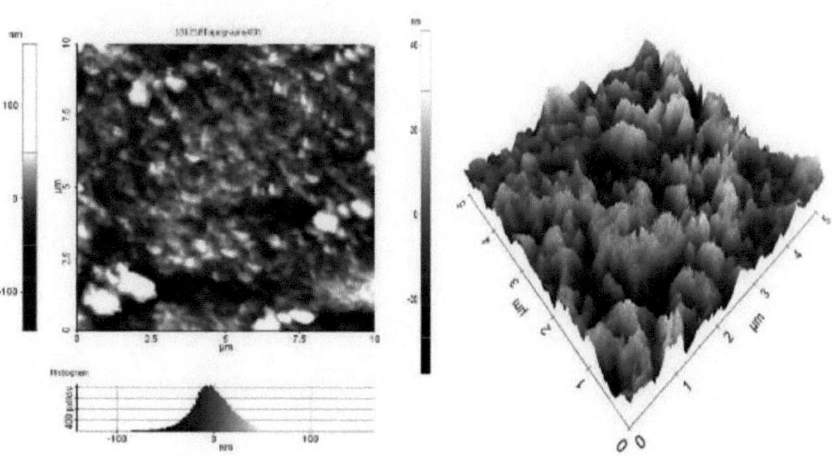

Fig-9, Imagens AFM 2D e 3D de latão imerso em H_2SO_4 1N na presença de ATA

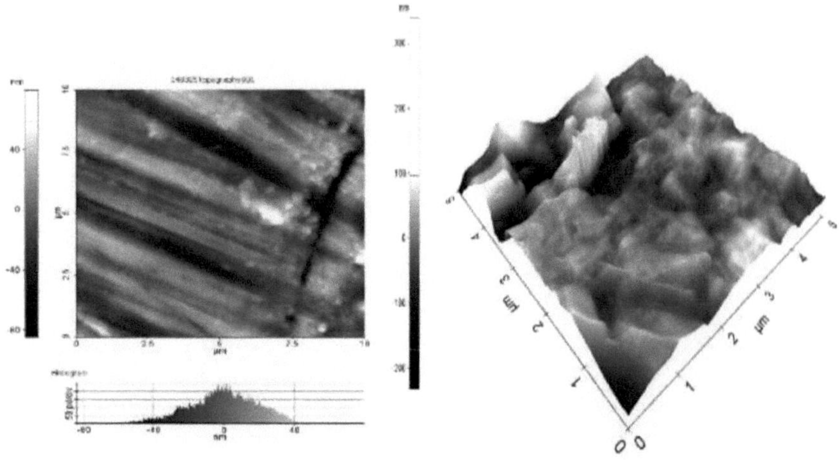

CAPÍTULO - VI CONCLUSÃO

Com base nos resultados acima referidos, pode tirar-se a seguinte conclusão.

- Os resultados obtidos a partir dos dados experimentais mostraram que o ATA actua como um inibidor eficaz da corrosão em ácido 1N H2SO4.

- O processo de corrosão foi inibido pela adsorção da matéria orgânica na superfície do latão. A eficiência da inibição aumenta com o aumento da concentração do ATA, mas diminui com o aumento da temperatura.

- As medições de polarização mostram que o ATA actua essencialmente como um inibidor de tipo misto.

- Os valores dos parâmetros de impedância justificam o desempenho impressionante do composto orgânico como bom inibidor de corrosão.

- As imagens SEM e AFM confirmam a formação de uma camada protetora na superfície do metal.

APLICAÇÕES

Pode ser utilizado em peças de motor e em muitas peças metálicas para automóveis.

É utilizado em válvulas de aerossol e EGR e respectivas peças.

É utilizado em metais marítimos e de transporte.

Também é utilizado em tubos, armaduras, facas, balas, porcas, parafusos, correntes e dobradiças, como todos os acessórios metálicos.

Pode ser utilizado em muitas áreas sempre que utilizarmos as peças de latão para essa aplicação.

REFERÊNCIA:

[1] V.Oteino-Alergo, N. Huynh, T.Notoya , S.E.Bottle, D.P Schwcinsberg, *Corros.Sci*, 1999,41 ,685.

[2] A.Krishnamoorthy, K.Chanda, S.P. Murarka, G.Ramanath, J.G.Ryan, *Appl.PhysLett.*, 2001,78, 2467-2469.

[3] C.E.Ho, W.T.Chen, C.R.Kao, *J Electron Mater*, 2001,30 ,399.

[4] F.Bentigs, M. Lebrini, e M. Lagrenee, *CorrosSci*, 2005,47,2955.

[5] A.J. Abdul Nasser, M.Annarsathiq, *Bull.*ElectroChem ., 2007, 23,237.

[6] M.A.Quraishi, D.Jamal, *Corrosion*, 2000, 56, 156.

[7] W.J.Lorenz , F.Mansfeld, *Corros Sci.*, 1981, 21, 647.

[8] I.Epelvoin, M.Keddam, H.Aknouti, *J.Appl. Electrochem* . 1972,2,71.

[9]S.H. Glarum . J.H. Marshal, *J.Electrochem.Soc.*, 1979,126 , 24.

[10] R.Schumacher, A.Muller e W.Stockel, *J.Electroanal. chem* ., 1987,219,311.

[11] W.D. Bjorndahl e K.Nobe, *Corrosion* ., 1984,40, 82.1.

[12] G.Quartarone, G.Moretti, T.Bellomi, G.Capabianco e A.Zingales, *Corrosion*, 1998,54,606.

[13] P.Jinturkar, Y.C.Guan e K.N. Han, *Corrosion*, 1984,54, 106.

[14] T.Hurlen, G.Ottesen e A.staurset, *Electro.chem .Ata* ., 1978,23, 23.

[15] R.Caban e T.W.Chapman, *J.Electrochem .Soc.*, 1977,124,1371.

[16] K.F.Khaled e A.M. Amn. *Corros.sci,* 2009, 51, 2098.

[17] J.W.Schltze e K.Wippermann, *Electrochim.Ata* ., 1987,32,823.

[18] H.Ashassi-sorkhabi, N.Ghalabsaz-Jeddi, F.Hashemzadeh, H.Jahani, *Electrochim. Ata*, 2006, 51,3848.

[19] O.Zarrouk, B.Hammouti, H.Zarrok, M.Bouchrine, K.F.Khaled, S.S.Al- Deyab *int.J.Electrochem.Sci.*,2012,7, 89-105.

[20] A.Fiala, A.Chibani, A.Darchan, A.Boulkamh, K.Djebbar, *Appl.Surf.Sci.*, 2007,253,9347.

[21] M.A.Quraishi, D.Jamal, *Corrosion*, 2000, 56, 156.

[22] M.S.El.Sayed,R.M.Erasmus, J.D. Comins, *J.Colloid Interface.sci.*,2007 ,311 144.

[23] L.MalkiAlaoui, B.Hammouti, A.Bellaouchou, A.Benbachir, A.Guenbour, S.Kertit, *Der Pharma Chemica*, 2011,3,353.

[24] Z.Khiati, A.A. Othman, M. Sanchez-Moreno, M.C.Bernard, S.Joiret, E.M.M Sutter, V.Vivier, *Corros.Sci*, 2011,53,3092.

[25] BenitaSherine,A.Jamal Abdul Nasser, S.Rajendran, *International journal of engg.sci.and.Tech*. vol.,2010,2(4),341-357.

MIX
Papier aus verantwortungsvollen Quellen
Paper from responsible sources
FSC® C105338

Printed by Books on Demand GmbH, Norderstedt / Germany